DIE SUPERDICKEN RÄTSEL-KNACKER

WORTSCHATZ- UND ZAHLENSPIELE ZUM TÜFTELN UND KNOBELN

Dudenverlag
Berlin

Hallo Rätselfan,

wir sind die Rätselknacker,
und wir lieben es, richtig knifflige Rätsel zu lösen. Lass uns zusammen knobeln. Das macht Spaß und du kannst dabei ganz einfach deinen Wortschatz trainieren.
Hier die wichtigsten Wortarten noch kurz erklärt:
Nomen heißen auch Hauptwörter oder Namenwörter, weil sie Dingen einen Namen geben. Also Sachen, Orten, Berufen, Tieren.
Verben sind Tunwörter wie laufen, singen, regnen, wohnen, spielen.
Adjektive sind Eigenschaftswörter wie laut, leise, groß, klein, lang, kurz.
Vokale sind a,e,i,o,u.
Konsonanten sind alle anderen Buchstaben.
Umlaute sind ä, ö, ü.

Bitte beachte, dass du in den Rätseln die Umlaute Ä, Ö und Ü nicht in AE, OE und UE umwandeln musst. Das ß kannst du ebenfalls genauso eintragen, ohne daraus ein SS zu machen. Außerdem findest du in diesem Heft jede Menge Zahlenrätsel. Damit wird es garantiert niemals langweilig.
Jetzt geht es los – und wir, die 5 Rätselknacker, helfen dir dabei!

In der Schule

Kennst du diese Dinge? Trage die Wörter in die Kästchen ein.

1.
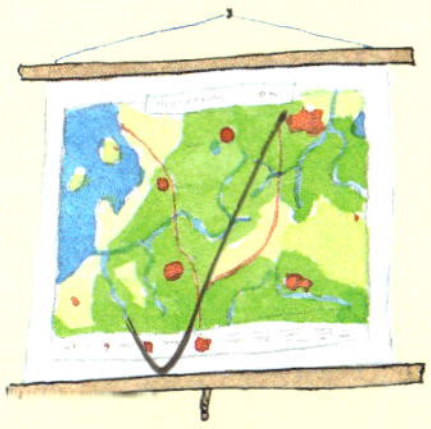

2.

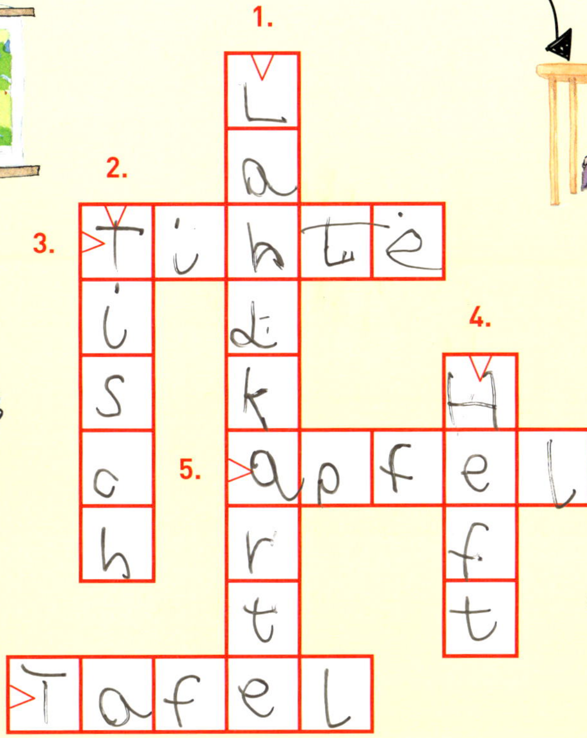

3.
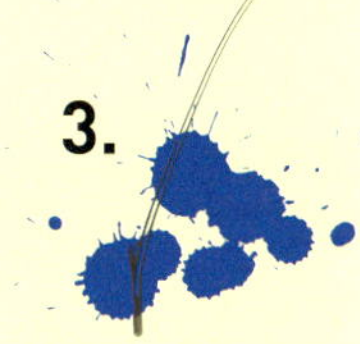

4.

6.

5.

A oder AA?

Wie schreibst du richtig? Trage die gesuchten Wörter in die Kästchen ein.

1. Zwei Schuhe sind ein ... ✓
2. schwarzer Vogel ✓
3. das Gegenteil von krumm ✓

4.

5.

1.					p	a	a	r	
2.					R	a	b	e	
3.			G	e	r	a	d	e	
4.				P	l	a	n	e	t
5.									
6.									

6.

Von Adler bis Zeh

In diesem Gitterrätsel sind waagerecht und senkrecht Wörter versteckt, die den männlichen unbestimmten Artikel EIN haben. Findest du sie?

Adler	Bär	Einbruch
Mensch	Saft	Zeh

E	S	Y	X	T	B	Ä	R
I	W	F	Z	G	S	E	P
N	M	N	E	I	A	W	R
B	E	N	H	Q	F	Ö	K
R	N	M	O	S	T	W	Z
U	S	A	D	L	E	R	T
C	C	Ä	B	E	S	K	I
H	H	N	L	K	R	O	F

Verdrehte Welt

Bringe die Buchstaben in die richtige Reihenfolge. Welche Wörter entstehen?

1. D E R F P

2. L L E I B R

3. K E N W O L

4. K R D I L O K O

5. R E Ä C K B

Bei dir zu Hause

Kennst du diese Gegenstände? Trage die Wörter in die Kästchen ein.

1. 

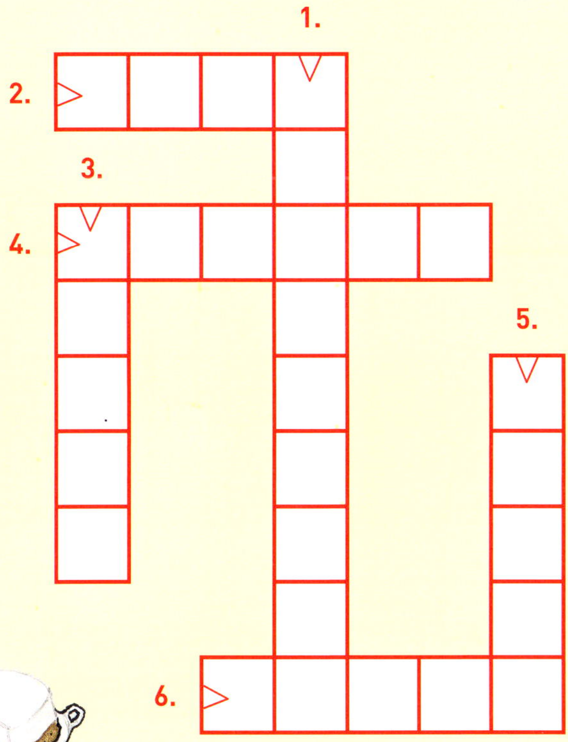

2. 

3. 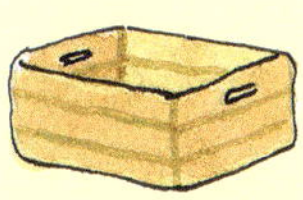

4. 

5. 

6. 

Ganz schön knifflig!

Kennst du diese Dinge? Trage die Wörter in das Kammrätsel ein.

1. Kugel mit Abbild der Erde
2. anderes Wort für flach
3. Dieses Tier liebt Bananen.
4. Rührgerät

1.		2.		3.		4.

Die Buchstaben in den gelben Kästchen ergeben das Lösungswort. Ergänze die fehlenden Buchstaben.

Anfang gesucht!

Verbinde die Wörter mit den richtigen Anfangsbuchstaben.

1.		G	___adekappe
2.		P	___irigent
3.		B	___inguin
4.	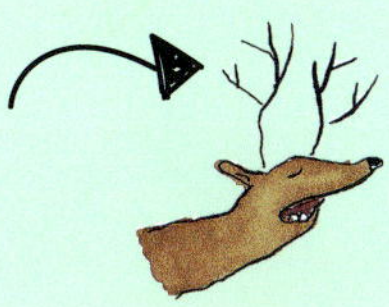	T	___eweih
5.		K	___iger
6.		D	___arussell

Sätze können kurz sein: Es reicht ein Subjekt (handelnde Person) und ein Prädikat (Tätigkeit). Das erste Wort in einem Satz hat einen großen Anfangsbuchstaben.

Ergänze die Wörter im Text und kreise die richtige Schreibweise ein.

1. Am / am Morgen

ich mich.

2. Ich / ich esse eine

				3.

.

3. Der / der

		6.	

4. Ein / ein schöner großer

		7.

5. Der / der Mann

						8.		

.

und Satzende

Wie heißt dieses Satzzeichen?

4.		5.									9.

g F
e a
e h
r i
n e c z

In dieser Geschichte fehlen die Satzzeichen. Setze fünf Punkte und zwei Fragezeichen ein.

Kalle soll einen Aufsatz schreiben___
Plötzlich ist er unsicher:
Wann muss ich abgeben___ Welcher Tag ist heute___
Er ruft Kiki an___ Sie kann Kalle beruhigen___
Heute ist Dienstag___
Der Aufsatz muss bis Freitag fertig sein___

Die Buchstaben in den farbigen Kästchen auf beiden Seiten ergeben das Lösungswort:

1.	2.	3.	4.	5.	6.	7.	8.	9.
E	l							

Ordne die Silben

Finde die richtigen Silben der Verben und schreibe sie auf die Linien.

SCHNEI HÖ REN SCHREI
JU BEN
DEN GEN
LIE BELN
MEN SCHWIM

1.  Schneden.

2.  Ligen.

3. 

4.  Schreiben.

5.  Jubeln.

6.  Renschwim.

Rätselhafter Sport

Welche Sportarten sind gesucht? Trage die Wörter in die Kästchen ein.

1. wird auf Gras gespielt mit kleinem Ball und Schläger
2. Hier schlägst du gelbe Filzbälle über ein Netz.
3. anderes Wort für bouldern oder kraxeln

4.

6.

5.

Bunter Buchstabensalat

Streiche die Buchstaben, die nicht dazugehören. Welche Wörter entstehen?

1. S C H B A B Y L

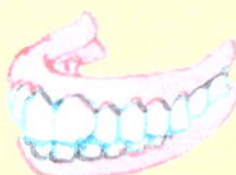

2. G E B L I S S T

3. S T F E R N O G L A S

4. W E L Ö W I E C

5. A K B O C R D B

E oder EE?

Wie schreibst du richtig? Trage die gesuchten Wörter in die Kästchen ein.

1. Es gibt Him-, Brom- und Erd...
2. Das machst du mit einem Buch.
3. Insekt mit schillernden Flügeln

4.

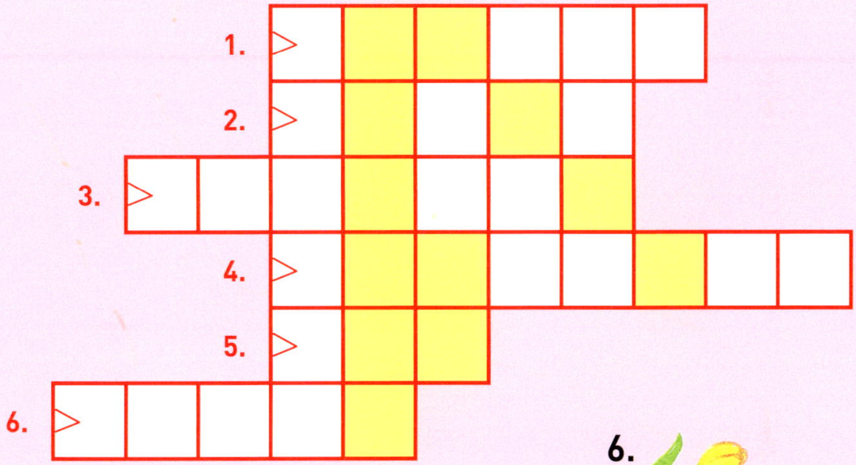

6.

5.

Abc-Wörterschnecke

Drei Wörter sind zwischen den Buchstaben des Alphabets versteckt. Findest du sie?

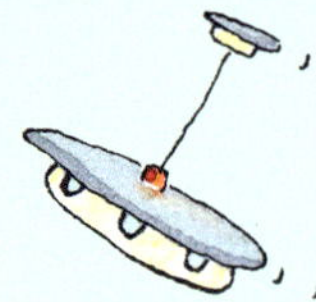

Die Anfangsbuchstaben der Wörter ergeben dieses Lösungswort: ____________________

Tierisches Rätsel

Kennst du diese Wörter? Trage sie in die Kästchen ein.

1.

2.

3.

4.

5.

6.

Ganz schön knifflig!

Kennst du diese Dinge? Trage die Wörter in das Kammrätsel ein.

1. Bewegung zu Musik
2. schwarzer Vogel
3. Gegenteil von jung
4. Mit den beiden hörst du.

Die Buchstaben in den gelben Kästchen ergeben das Lösungswort. Ergänze die fehlenden Buchstaben.

Von Ameise bis Zahl

In diesem Gitterrätsel sind waagerecht und senkrecht Wörter versteckt, die den weiblichen unbestimmten Artikel EINE haben. Findest du sie?

Ameise　　Brosche　　Hexe

Matratze　　Nudel　　Zahl

H	S	E	R	C	C	J	A
E	Q	A	L	P	O	B	M
X	B	R	O	S	C	H	E
E	Ö	D	R	V	T	R	I
E	Z	W	K	C	G	Z	S
M	A	T	R	A	T	Z	E
Q	H	P	P	Ü	P	P	Ü
A	L	M	N	U	D	E	L

Was siehst du?

Kreuze an, was zum Bild passt.

☐ Der Koch rührt im Topf.
☐ Der Koch rührt im Korb.

☐ Die Stühle sind auf den Tischen gestapelt.
☐ Die Tische liegen auf den Stühlen.

☐ Das Handtuch ist nicht blau.
☐ Das Handtuch ist gestreift.

☐ Vier Kinder spielen Tischtennis.
☐ Zwei Kinder spielen Tischtennis.

☐ Der Wolf heult in der Nacht.
☐ Der Wolf singt und lacht.

In der Küche

Kennst du diese Gegenstände? Trage die Wörter in die Kästchen ein.

1.

2.

3.

4.

5.

6.

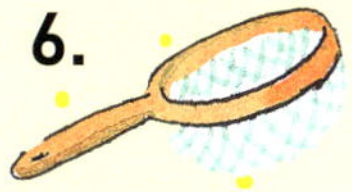

I oder IE?

Wie schreibst du richtig? Trage die gesuchten Wörter in die Kästchen ein.

1. grünes Gemüse
2. ein gerader Strich
3. Gegenteil von falsch

4.

1.	▷							
2.		▷						
3.		▷						
4.		▷						
5.	▷							
6.		▷						

6.

5.

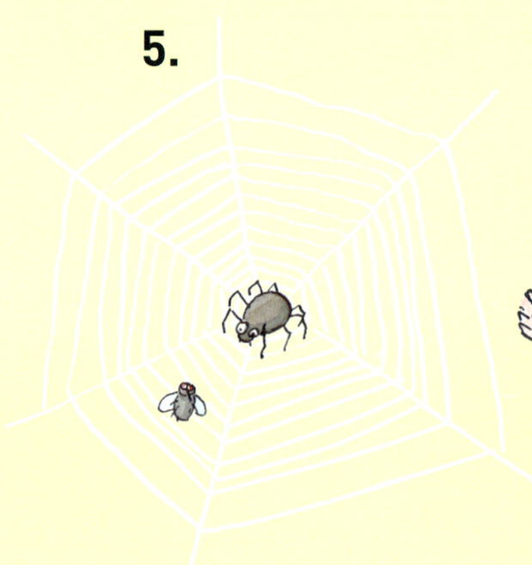

Eins ist anders

Kreise das Wort ein, das nicht zu den anderen Begriffen passt.

1. Gurke Polizist Tomate Brot

Der erste Buchstabe des eingekreisten Wortes ist Lösungsbuchstabe 1.

2. Bus Fahrrad Roller Igel

Der erste Buchstabe des eingekreisten Wortes ist Lösungsbuchstabe 2.

3. grün lustig blau gelb

Der erste Buchstabe des eingekreisten Wortes ist Lösungsbuchstabe 3.

4. Elefant Tiger Löwe Zwerg

Der erste Buchstabe des eingekreisten Wortes ist Lösungsbuchstabe 4.

Schreibe die Lösungsbuchstaben in die Felder.

1.	2.	3.	4.

Aus zwei oder drei Nomen kannst du ein neues eigenständiges Wort zusammensetzen. Probiere es aus und verwende dafür diese Wörter.

Pflanze Box Grün Hand
Schuh Stab Ständer Noten
Ring Zauber Apfel

1. ☐☐☐☐☐☐ 3. ☐ 5.

2. ☐☐☐ 4. ☐☐☐☐☐☐☐☐

3. ☐☐☐☐ 6. ☐☐☐☐☐

4. ☐☐☐☐ 2. ☐☐☐☐☐☐

5. ☐☐☐☐☐☐☐☐☐☐☐☐

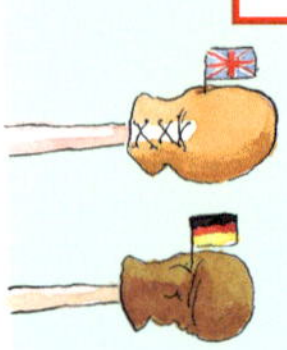

Welcher Gegenstand verbirgt sich hier?

l F t b e e a t a r p

						7.				8.

Ergänze den passenden Artikel.

1. das Auto + der Schlüssel = ______ Autoschlüssel

2. der Sommer + die Ferien = ______ Sommerferien

3. das Baby + die Nahrung = ______ Babynahrung

4. der See + die Rosen + das Blatt = ______ Seerosenblatt

Die Buchstaben in den farbigen Kästchen auf beiden Seiten ergeben das Lösungswort:

1.	2.	3.	4.	5.	6.	7.	8.	9.
S								i

Bilderrätsel

Welcher Begriff verbirgt sich hier? Schreibe die drei Wörter auf die Linien. Dann verändere die Buchstaben so wie angegeben.

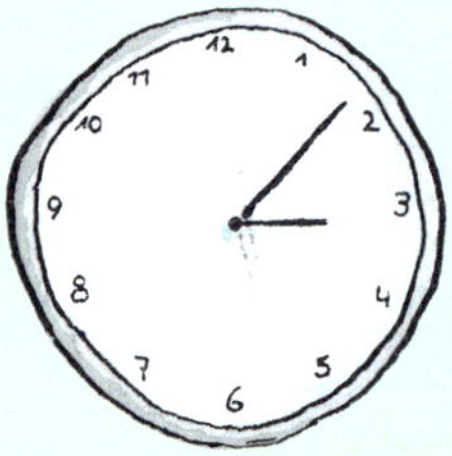

2. streichen

1. = Gr, 3. = ß, 4. streichen

3. = t, 4. = e, 5. streichen

Lösungswort:

Zyx-Wörterschnecke

Vier Wörter sind zwischen den Buchstaben des Alphabets versteckt. Findest du sie?

Die Anfangsbuchstaben der Wörter ergeben dieses Lösungswort:

____

Von Auto bis Zelt

In diesem Gitterrätsel sind waagerecht und senkrecht Wörter versteckt, die den sächlichen unbestimmten Artikel EIN haben. Findest du sie?

Auto | Gehör | Kind
Rad | Rätsel | Zelt

W	A	N	H	Z	K	C	P
K	D	G	A	A	I	B	N
Y	Ö	E	R	Z	N	T	T
E	Ü	H	M	E	D	N	K
S	T	Ö	V	L	U	S	N
R	O	R	Ä	T	S	E	L
A	X	Y	M	Ü	F	G	A
D	Z	N	C	A	U	T	O

Echt lecker!

Kennst du diese Wörter? Trage sie in die Kästchen ein.

1.

2.

3.

4.

5.

6.

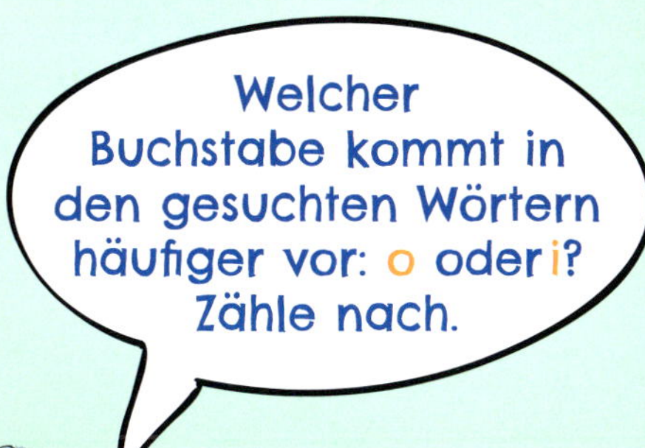

O oder OO?

Wie schreibst du richtig? Trage die gesuchten Wörter in die Kästchen ein.

1. kurz für Zoologischer Garten
2. Wasserfahrzeug
3. Schoko-Milch-Getränk

4.

5.

6.

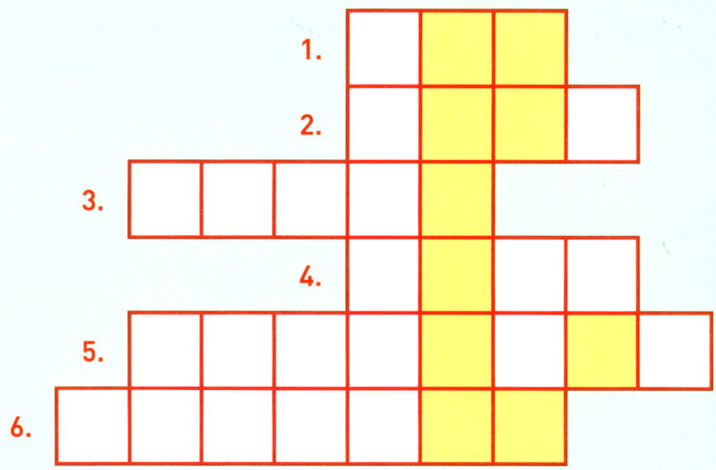

Von Apfel bis Zimt

In diesem Gitterrätsel sind waagerecht und senkrecht Wörter versteckt, die den männlichen bestimmten Artikel DER haben. Findest du sie?

Apfel	Dampf	Eber
Fisch	Schorf	Zimt

D	A	M	P	F	T	Z	U
I	C	V	B	N	M	K	E
A	F	S	T	W	P	A	B
Ü	I	K	L	M	M	P	E
I	S	C	H	O	R	F	R
B	C	P	F	G	R	E	D
P	H	F	F	Y	G	L	E
I	E	Z	I	M	T	Ä	Ä

Schluss, Ende, Aus

Verbinde die Wörter mit den richtigen Endbuchstaben.

1.		Hu___	d
2.		Pfer___	k
3.		Mikrosko___	b
4.		Zu___	t
5.		Kühlschran___	p
6.		Lau___	g

Rätselhafte Dinge

Kennst du diese Wörter?
Trage sie in die Kästchen ein.

1.

2.

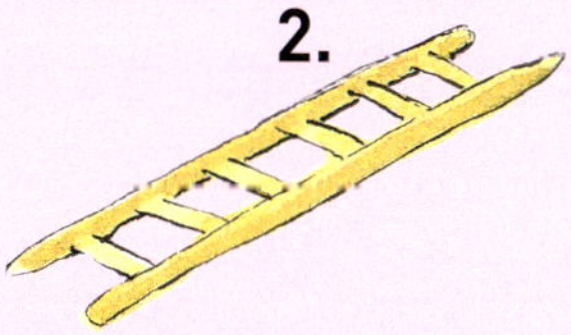

3.

4.

6.

5.

Ordne die Silben

Ergänze die richtigen Silben der Adjektive und schreibe sie auf die Linien.

KU TEL STAUNT LÖS SETZT ZIG LICH

1.  BE ______________________

2.  MUS ______________________

3.  SCHMUT ______________________

4.  ER ______________________

5.  EI ______________________

6.  HEIM ______________________

Von Ampel bis Zeit

In diesem Gitterrätsel sind waagerecht und senkrecht Wörter versteckt, die den weiblichen bestimmten Artikel DIE haben. Findest du sie?

Ampel Girlande Krabbe
Schule Wüste Zeit

M	G	U	M	Z	E	I	T
P	I	Ü	P	D	D	E	R
K	R	A	B	B	E	V	S
F	L	I	O	S	A	H	C
Z	A	M	P	E	L	C	H
L	N	K	N	N	A	Z	U
S	D	W	Ü	S	T	E	L
G	E	H	J	C	C	U	E

Ganz schön knifflig!

Kennst du diese Dinge? Trage die Wörter in das Kammrätsel ein.

1. Gerät zum Aufdrucken von Buchstaben oder Bildern
2. Währung in vielen Ländern Europas
3. Dieses Tier ruft iah.
4. T-Shirt für Sportler

Die Buchstaben in den gelben Kästchen ergeben das Lösungswort. Ergänze die fehlenden Buchstaben.

Ab in den Urlaub!

**Kennst du diese Wörter?
Trage sie in die Kästchen ein.**

1. scheint am Himmel
2. Fahrzeug auf dem Wasser
3. baumartige Pflanze mit großen Blättern, wächst im Süden

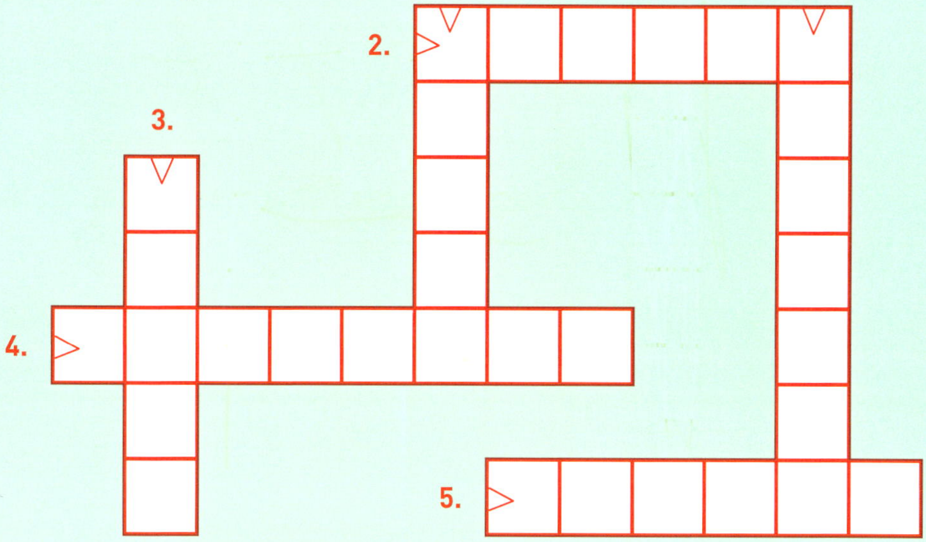

Wie schreibst

Es gibt Wörter, die eine besondere Stelle haben. Sie ist schwer zu hören. Wie kannst du sie trotzdem erkennen? Achte auf **Doppelkonsonanten, ie, Dehnungs-h, ck** und **tz.**

Kreise die richtige Schreibweise ein.

		1.		
T	a	s	s	e

T	a	s	e

I	g	l

I	g	e	l

		3.				
f	l	i	e	g	e	n

f	l	i	g	e	n

Z	a	h	l

Z	a	l

				4.			
S	c	h	n	e	c	k	e

S	c	h	n	e	k	e

	5.			
B	l	i	t	z

B	l	i	z

Welcher Gegenstand verbirgt sich hier?

N l a e g

Kennst du diese Wörter?

1.

2.

3.

		6.	

4.

							7.

Die Buchstaben in den farbigen Kästchen auf beiden Seiten ergeben das Lösungswort:

1.	2.	3.	4.	5.	6.	7.
	p					

U oder UH?

Wie schreibst du richtig? Trage die gesuchten Wörter in die Kästchen ein.

1. flüssige Speise
2. menschenähnlich aussehendes Spielzeug
3. große Eule

4.

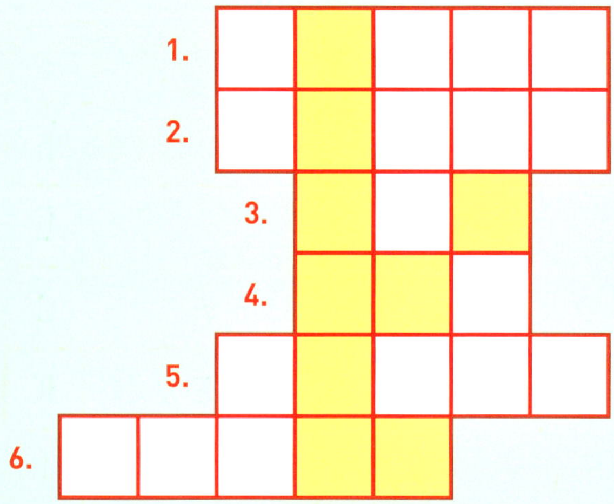

6.

5.

Welcher Tag ist für U-Boot-Fahrer der gefährlichste?

Der Tag der offenen Tür.

Von Auge bis Zeugnis

In diesem Gitterrätsel sind waagerecht und senkrecht Wörter versteckt, die den sächlichen bestimmten Artikel DAS haben. Findest du sie?

Auge	Dorf	Glück
Pflaster	Segel	Zeugnis

A	C	F	R	E	B	N	G
I	O	C	V	Z	E	E	L
S	S	E	G	E	L	P	Ü
C	D	Ü	D	U	A	S	C
B	O	A	U	G	E	H	K
N	R	O	Ä	N	M	M	I
H	F	J	K	I	A	T	U
P	F	L	A	S	T	E	R

Ordne die Silben

Finde die richtigen Silben der Nomen und schreibe sie auf die Linien.

KA FLE REI DRANT

HY RA HOT DOG DER SA

TE TEL LIT FEN MAUS

1.  ______________________

2.  ______________________

3.  ______________________

4.  ______________________

5.  ______________________

6. 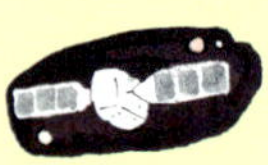 ______________________

Rätselhafte Natur

Kennst du diese Wörter? Trage sie in die Kästchen ein.

1. fällt im Winter, wenn es kalt ist
2. starke Luftbewegung
3. viele 5. bilden ihn

4.

5.

6.

Sudoku-Regeln

In einem Sudoku kommen die Zahlen in jeder Zeile, in jeder Spalte und in jedem kleinen Quadrat oder Rechteck nur jeweils **einmal** vor. Das Gleiche gilt für Bilder, Farben oder Buchstaben.

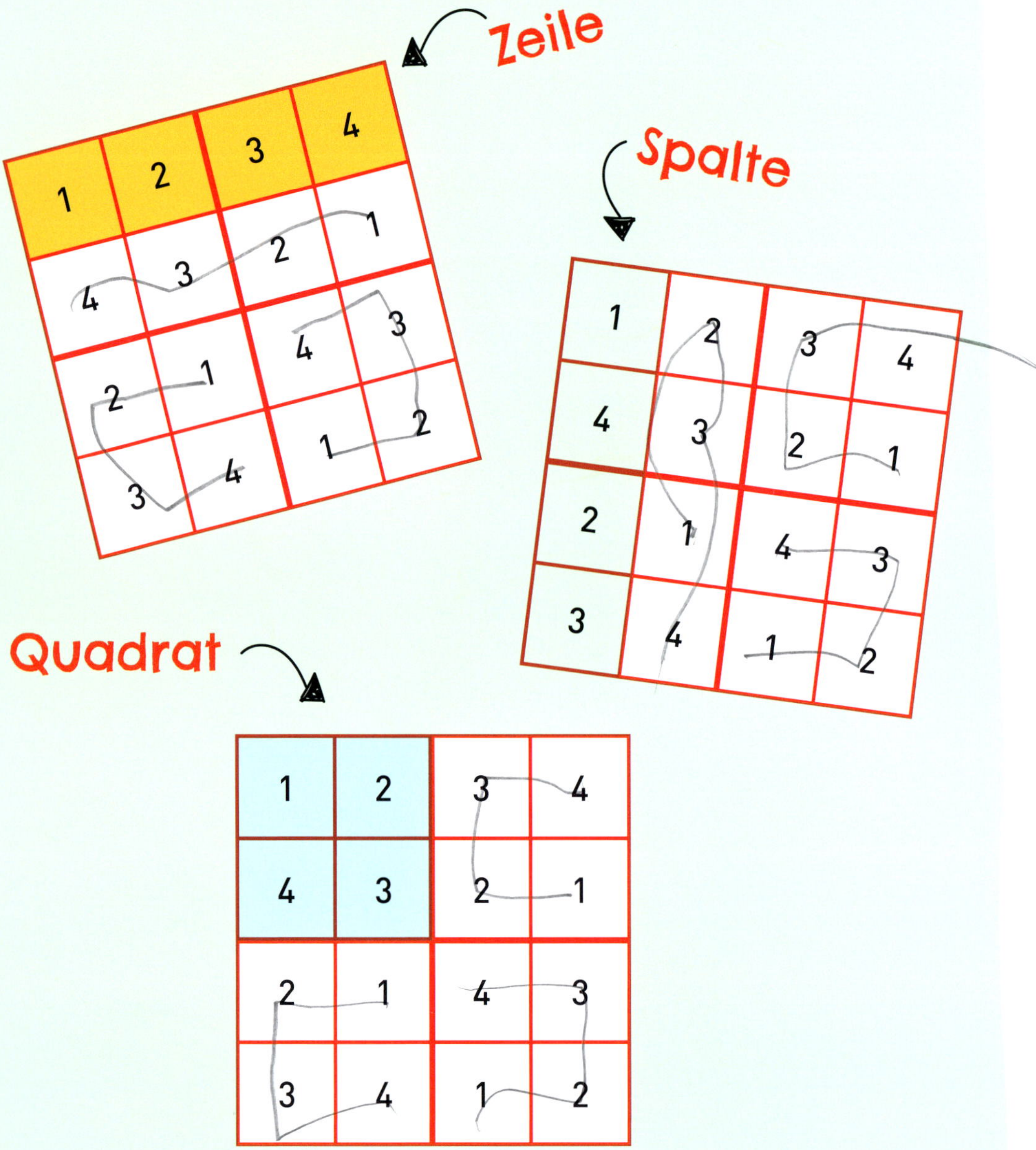

Zahlen-Sudoku

1, 2, 3, 4: Welche Zahlen fehlen? Trage sie ein.

2	3	1	
4		3	2
	4		
	2		1

1		4	
4	2	3	
	4		3
3	1	2	

Rechenhäuser

Ergänze die Zahlen auf der linken Seite.
Beispiel: ? – 2 = 4. Antwort: 6 – 2 = 4

– 2

	4
	6
	8
	10

+ 3

	5
	6
	7
	8

Zahlen-Sudoku

1, 2, 3, 4, 5, 6: Welche Zahlen fehlen? Trage sie ein. Beachte dabei die Sudoku-Regeln: Jede Zahl darf in jeder Zeile, jeder Spalte und in jedem kleinen Rechteck (mit sechs Feldern) jeweils nur **einmal** vorkommen.

	5	2	6		1
4	6	1		5	3
		6		2	
	1	4	3	6	5
6		3	5		2
1	2	5	4	3	6

Zahlen-Sudoku

1, 2, 3, 4, 5, 6: Welche Zahlen fehlen? Trage sie ein.

2	3		5	1	
	4		3	6	5
5		1	4		2
3	2	4	6		1
	1	5		4	3
4	5		1	2	

Zahlen-Sudoku

1, 2, 3, 4, 5, 6: Welche Zahlen fehlen? Trage sie ein.

2	6		5		1
	4	1		3	2
4		2	3	6	
6	3				4
1	2		4	5	3
3	5	4		2	6

Spiel mit!

Sechs Spielzeuge – viele freie Felder. Welche Spielzeuge fehlen? Male sie in die freien Felder.

Finde die Zahlen

In diesem Gitterrätsel sind die Zahlen **5, 6, 9** und **12** versteckt. Wie oft kannst du jede Zahl entdecken? Zähle nach.

12	5	2	3	1	9	12	8
12	6	7	6	4	3	9	10
4	5	7	4	8	10	6	1
5	4	12	5	7	11	5	8
2	9	9	3	9	7	5	5
9	1	1	9	3	1	12	3
1	5	12	7	5	4	6	2
9	7	8	5	6	4	6	2

Trage die jeweilige Anzahl in das Kästchen hinter der Zahl ein.

5 ☐ 6 ☐ 9 ☐ 12 ☐

Zahlen-Sudoku

1, 2, 3, 4, 5, 6: Welche Zahlen fehlen? Trage sie ein.

4	1				6
3		1	6	5	4
6	5	2	4	1	
	6	4	5	3	2
2		3	1		
5				4	1

Zahlen-Sudoku

1, 2, 3, 4, 5, 6: Welche Zahlen fehlen? Trage sie ein.

1	6				5
		5	2		
5				3	
	4				1
		4	1		
3				5	4

Echt abgefahren!

Sechs Fahrzeuge – viele freie Felder. Welche Fahrzeuge fehlen? Male sie in die freien Felder.

Welche Zahl fehlt?

Zähle und trage die fehlenden Zahlen in die freien Felder ein.

2 → ☐ → 4

11 → ☐ → 13

5 → ☐ → 7

8 → ☐ → 10

14 → ☐ → 16

Zahlen-Sudoku

Jetzt wird's kniffelig! In dieses Sudoku musst du die Zahlen **1 bis 9** einsetzen. Welche Zahlen fehlen? Trage sie ein.

4	7	5	2	6	8	1	3	9
2	1	6	3			7		8
	9		1	5	7	6	2	4
3		7		2	5		1	6
1	5		4		6		7	3
6		2	7	3		4	9	5
9		4	6	7	2		8	1
5	2		8	9	4	3	6	7
7			5	1			4	2

Zahlen-Sudoku

In dieses Sudoku musst du die Zahlen **1 bis 9** einsetzen. Welche Zahlen fehlen? Trage sie ein.

6	4		2	9	8	5		7
	5	2	1		6	9	8	4
7	9	8		4	5		6	2
9		3	6	1	4	8	7	
	8	6	5	3		4	2	9
5	7	4		8	2	6		3
8	3		7	6	9	2	4	1
4	1	9	8		3	7	5	6
2		7	4	5	1	3		8

Bilder-Sudoku

In dieses Sudoku musst du die verschiedenen Bilder einsetzen. Welche Bilder fehlen? Male sie in die freien Felder.

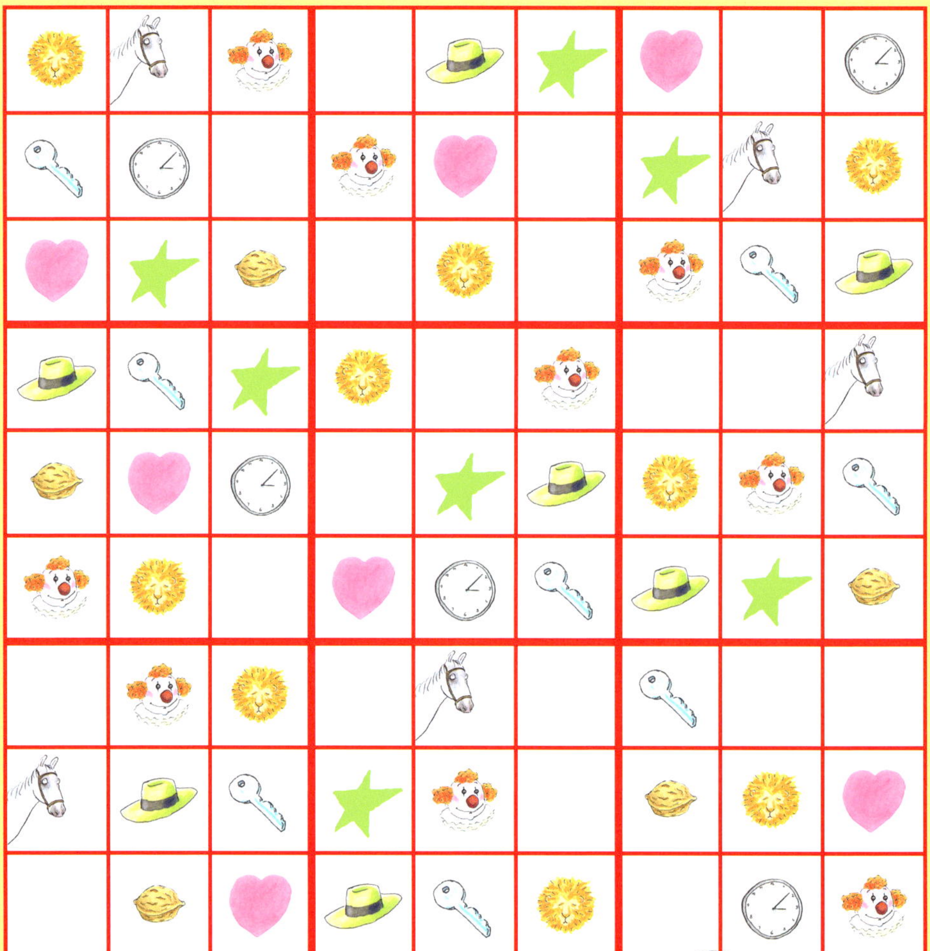

Rechne und verbinde

Löse die Rechenaufgaben und verbinde sie mit den richtigen Ergebnissen.

11 + 8 =	12
15 − 11 =	16
18 + 2 =	19
3 + 13 =	20
17 − 5 =	4

Versteckte Zahlen

Wie oft sind die Zahlen 1, 3, 5 und 7 in diesem Zahlenquadrat versteckt? Zähle nach.

1	7	7	2	9	3	3	6
0	8	8	9	7	0	9	0
10	0	5	2	9	0	3	6
3	2	7	4	1	4	6	10
4	0	10	10	7	9	7	4
4	5	7	4	8	0	3	9
6	1	0	3	2	2	5	6
6	7	0	0	7	1	9	7

Kreise die richtige Anzahl ein.

1	3	5	7
2 4	1 6	3 5	1 10

Schau genau

Welcher Gegenstand ist in diesem Bild zweimal zu sehen? Kreise ihn ein.

Wie viele Möhren findest du im Bild? Zähle nach und schreibe die Anzahl in das Kästchen.

Von Feld zu Feld

Löse die Rechenaufgaben neben den Pfeilen und kreise jeweils das richtige Ergebnis ein.

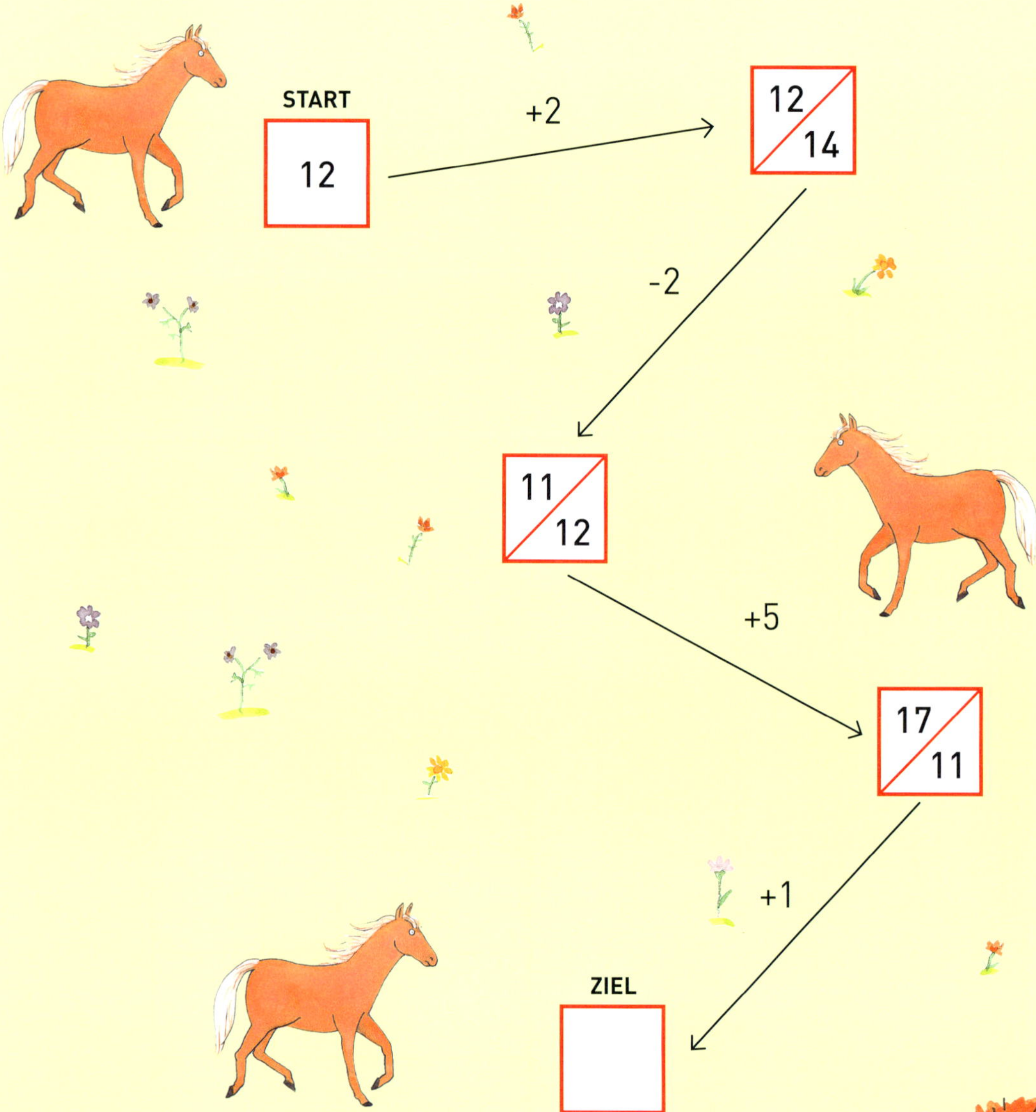

Versteckte Zahlen

Wie oft sind die Zahlen **10, 13, 21** und **31** in diesem Zahlenquadrat versteckt? Zähle nach.

10	11	13	25	17	36	67	13
23	19	21	15	30	31	25	16
37	13	53	10	12	39	54	21
41	90	44	18	26	28	84	13
21	19	10	15	67	89	30	25
13	71	45	37	21	36	76	13
12	31	65	13	24	21	62	41
21	15	23	27	91	10	12	13

Kreise die richtige Anzahl ein.

10	**13**	**21**	**31**
4 7	5 8	2 6	0 2

Rechne und verbinde

Löse die Rechenaufgaben und verbinde sie mit den richtigen Ergebnissen.

12 + 12 =	7
23 - 7 =	95
19 - 12 =	25
13 + 12 =	24
15 + 77 =	16

Zahlen-Sudoku

1, 2, 3, 4: Welche Zahlen fehlen? Trage sie ein.

2	1	4	
			2
1			4
4		3	

1			2
	2		1
2		1	
3			4

Welcher Gegenstand ist in diesem Bild dreimal zu sehen? Kreise ihn ein.

Wie viele gelbe Gummienten findest du im Bild? Zähle nach und schreibe die Anzahl in das Kästchen.

Versteckte Zahlen

Findest du die Zahlen **1, 6, 8** und **10** in diesem Zahlenquadrat? Zähle nach.

11	19	18	10	12	13	10	16
12	13	11	15	17	14	12	18
16	15	12	19	15	16	14	19
15	16	14	18	14	19	12	14
19	15	17	13	11	10	19	18
12	15	12	19	14	12	16	14
19	18	11	15	16	10	18	15
16	12	18	19	10	17	14	11

Trage die jeweilige Anzahl in das Kästchen hinter der Zahl ein.

11 ☐ **16** ☐ **17** ☐ **19** ☐

Zahlen-Sudoku

1, 2, 3, 4: Welche Zahlen fehlen? Trage sie ein.

	3	4	
4			2
1		2	
		1	

3	4		
		3	4
	3	2	
	1	4	

Rechne und verbinde

Löse die Rechenaufgaben und verbinde sie mit den richtigen Ergebnissen.

$13 + 25 =$	53
$20 - 10 =$	95
$62 - 11 =$	10
$13 + 40 =$	38
$18 + 77 =$	51

Versteckte Zahlen

Findest du die Zahlen 12, 21, 22 und 28 in diesem Zahlenquadrat? Zähle nach.

12	28	24	21	29	22	29	21
20	24	28	27	27	24	24	20
28	12	24	26	21	29	26	21
22	22	27	12	26	22	29	20
28	21	29	26	28	24	28	25
21	20	22	20	12	26	21	22
29	27	28	28	26	22	28	20
29	29	21	24	28	12	27	12

Trage die jeweilige Anzahl in das Kästchen hinter der Zahl.

12 ☐ **21** ☐ **22** ☐ **28** ☐

Zahlen-Sudoku

1, 2, 3, 4: Welche Zahlen fehlen? Trage sie ein.

4			2
2			1
1			3
3			4

	1	4	
	4	1	
	3	2	
	2	3	1

Zahlen-Sudoku

5, **6**, **7** und **8**: Welche Zahlen fehlen? Trage sie ein.

5		8	
8			5
	8		7
	5		

8		6	5
	6		
6			7
7		5	6

Obstsalat

Welche Frucht steht für welche Zahl? Löse die Rechenaufgaben und schreibe die Zahlen in die Kästchen unter den Früchten.

Von Feld zu Feld

Löse die Rechenaufgaben neben den Pfeilen. Schreibe die richtigen Ergebnisse in die Kästchen oder kreise ein.

START

10

+12

22 / 21

-13

+21

+16

ZIEL

46 / 47

Versteckte Zahlen

Findest du die Zahlen 66, 69, 96 und 99 in diesem Zahlenquadrat? Zähle nach.

66	61	97	93	96	95	62	96
96	68	63	69	97	68	69	61
95	61	62	93	99	63	62	93
61	69	68	66	95	61	91	97
96	68	62	93	63	93	62	93
96	97	69	97	96	66	69	96
66	95	62	96	99	91	61	63
97	93	61	69	97	66	69	99

Schreibe die jeweilige Anzahl in das Kästchen hinter der Zahl.

66 ☐ **69** ☐ **96** ☐ **99** ☐

Von Feld zu Feld

Löse die Rechenaufgaben neben den Pfeilen. Schreibe die richtigen Ergebnisse in die Kästchen oder kreise ein.

Zahlen-Sudoku

1, 2, 3, 4: Welche Zahlen fehlen? Trage sie ein.

4			
	3		1
1	4	3	
			4

4			
1		3	
			3
3	4	1	

Bunter Mix

Welche Farbe steht für welche Zahl? Löse die Rechenaufgaben und schreibe die Zahlen in die Kästchen unter den Farbflecken.

Farben und Zahlen

Sudokus mit Zahlen kennst du schon. Eine andere Variante ist ein Sudoku mit Farben. Welche Farben fehlen? Male sie in die Felder.

4			3
3			
	4		2
2			4

Zahlen und Farben

Welche Zahlen und Farben fehlen? Schreibe und male sie in die Felder.

2		4	
	4		2
1			4
4		3	

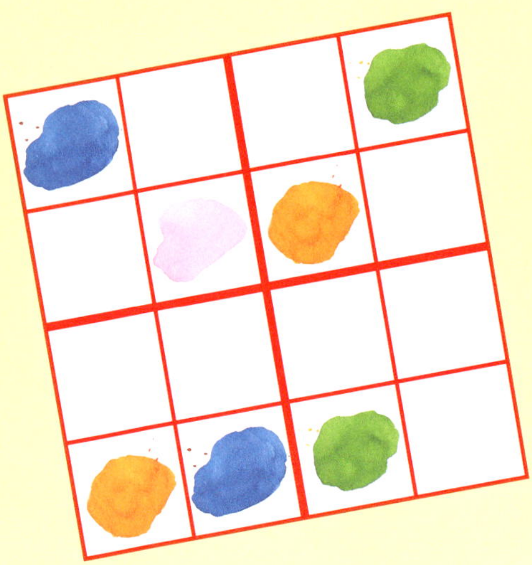

Schau genau

Welches Tier ist in diesem Bild dreimal zu sehen? Kreise es ein.

Wie viele Chamäleons findest du im Bild? Zähle nach und schreibe die Anzahl in das Kästchen.

Von Feld zu Feld

Löse die Rechenaufgaben neben den Pfeilen.
Schreibe die richtigen Ergebnisse in die Kästchen.

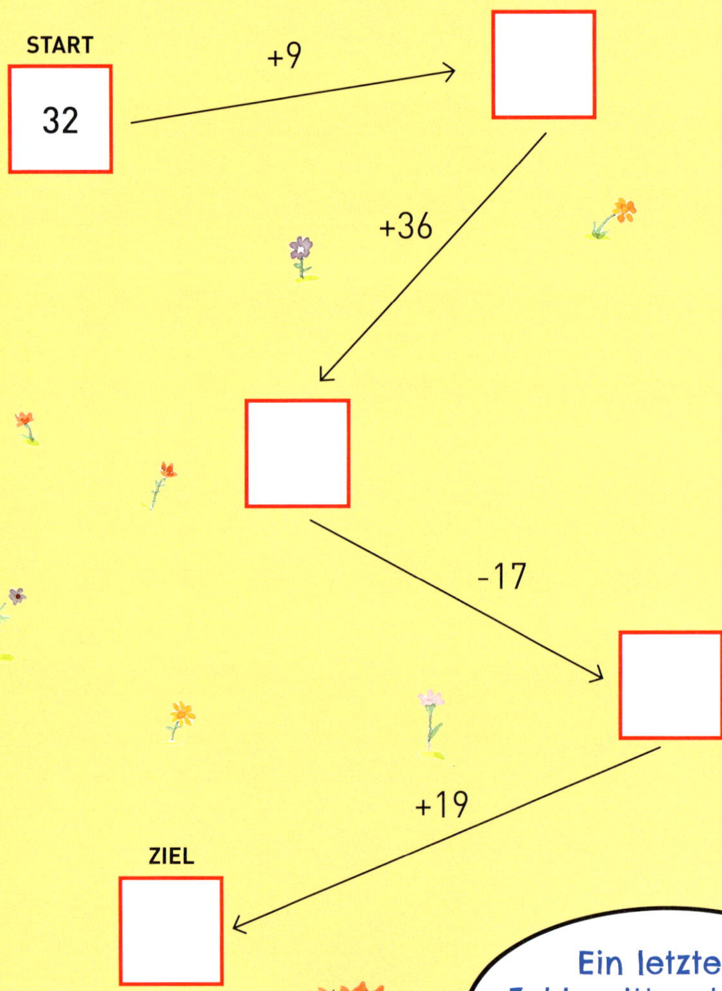

Numbers game

Zahlenspiel

Verbinde die Zahlen durch eine Linie mit dem richtigen Zahlwort.

4 2 6

three	nine
five	four
seven	one
eight	two
ten	six

9 8 7 1 3 5 10

Solve the crossword puzzle

Löse das Kreuzworträtsel

Welche englischen Wörter verbergen sich hinter den Bildern? Trage sie in das Kreuzworträtsel ein und finde das Lösungswort.

1. 

2. 

3. 

4. 

5. 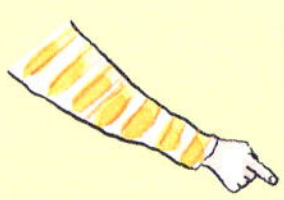

6. 

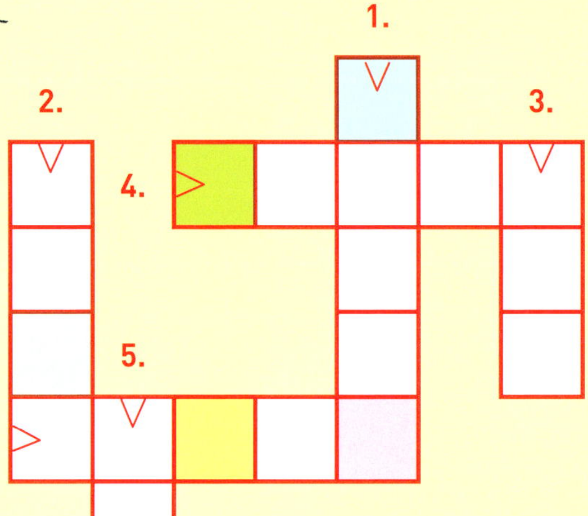

Die Buchstaben in den farbigen Kästchen ergeben das Lösungswort:

Wortspeicher

arm · cloud · coat · house · dog · table

What day is today?

Welcher Tag ist heute?

Weißt du, wie die Wochentage auf Englisch heißen? Finde sie im Suchsel und kreise sie ein. Du kannst waagerecht und senkrecht suchen.

T	U	E	S	D	A	Y	B	U	X
H	Q	W	E	D	F	G	H	A	M
U	R	I	G	S	G	M	D	Y	O
R	E	F	R	I	D	A	Y	E	N
S	Z	T	K	C	A	V	S	W	D
D	R	A	I	E	O	L	T	R	A
A	X	H	B	S	U	N	D	A	Y
Y	V	B	T	Y	V	N	P	W	M
G	C	N	R	K	D	E	I	Z	P
W	S	A	T	U	R	D	A	Y	S

Do you know these animals?

Kennst du diese Tiere?

Weißt du, wie die Tiere auf Englisch heißen? Schreibe die Namen in das Gitterrätsel. Die Buchstaben in den gelben Kästchen ergeben von oben nach unten gelesen das Lösungswort.

1.

2.

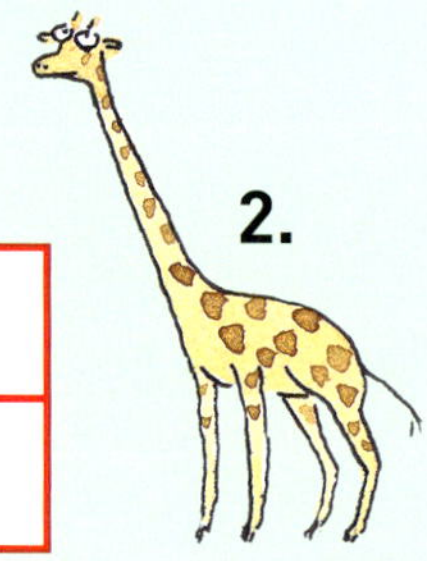

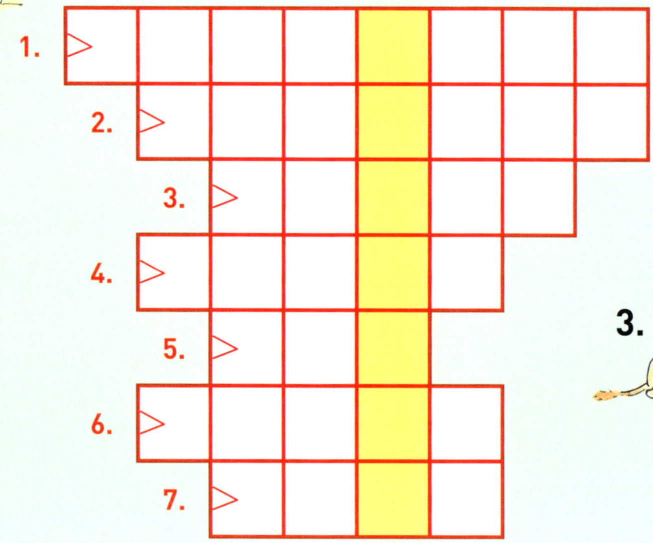

7.

3.

5.

4.

6.

Wortspeicher

bird · camel · cat · elephant · giraffe · mouse · tiger

Colours of the rainbow

Regenbogenfarben

In dieser Wörterschnecke sind sechs Farben versteckt. Findest du sie? Schreibe sie auf.

Lösungen

Seite 3

			L				
			A				
	T	I	N	T	E		
	I		D				
	S		K			H	
	C		A	P	F	E	L
	H		R			F	
			T			T	
T	A	F	E	L			

Seite 4

				P	A	A	R	
				R	A	B	E	
		G	E	R	A	D	E	
			P	L	A	N	E	T
				H	A	A	R	E
B	A	D	E	W	A	N	N	E

Seite 5

E	S	Y	X	T	B	Ä	R
I	W	F	Z	G	S	E	P
N	M	N	E	I	A	W	R
B	E	N	H	Q	F	Ö	K
R	N	M	O	S	T	W	Z
U	S	A	D	L	E	R	T
C	C	Ä	B	E	S	K	I
H	H	N	L	K	R	O	F

Seite 6

PFERD
BRILLE
WOLKEN
KROKODIL
BÄCKER

Seite 7

G	L	A	S			
			C			
K	U	C	H	E	N	
I			L			
S			Ü			G
T			S			E
E			S			I
			E			G
		B	L	U	M	E

Seite 8

G	I	P	S	A	R	M
L		L		F		I
O		A		F		X
B		T		E		E
U		T				R
S						

Seite 9

Badekappe
Dirigent
Pinguin
Geweih
Tiger
Karussell

Seite 10

Am Morgen **wasche** ich mich.
Ich esse eine **Möhre**.
der Hund
ein schöner großer **Hut**
Der Mann **dirigiert**.

Seite 11

Das ist ein **Fragezeichen**.

Kalle soll einen Aufsatz schreiben. Plötzlich ist er unsicher: Wann muss ich abgeben? Welcher Tag ist heute? Er ruft Kiki an. Sie kann Kalle beruhigen. Heute ist Dienstag. Der Aufsatz muss bis Freitag fertig sein.

Lösungswort: Elefanten

Seite 12
1. SCHNEI-DEN, 2. LIE-GEN, 3. HÖ-REN,
4. SCHREI-BEN, 5. JU-BELN,
6. SCHWIM-MEN

Seite 13

G		R	E	I	T	E	N		
O					E				
L	A	U	F	E	N				
F			U		N				
			ß		I				
			B		S				
			A						
		K	L	E	T	T	E	R	N
			L						

Seite 14
BABY
GEBISS
FERNGLAS
LÖWE
KORB

Seite 15

			B	E	E	R	E	N		
			L	E	S	E	N			
	L	I	B	E	L	L	E			
			S	E	E	S	T	E	R	N
			F	E	E					
T	U	L	P	E						

Seite 16
UFO, HIRSCH, ROT
Lösungswort: UHR

Seite 17

	A										
	Q										
	U										
	A			K		E					
	R			Ä		L					
G	I	R	A	F	F	E					
	U			E		F	R	O	S	C	H
	M			R		A					
						N					
	S	P	E	C	H	T					

Seite 18

T	O	R	N	A	D	O
A		A		L		H
N		B		T		R
Z		E				E
						N

Seite 19

H	S	E	R	C	C	J	A
E	Q	A	L	P	O	B	M
X	B	R	O	S	C	H	E
E	Ö	D	R	V	T	R	I
E	Z	W	K	C	G	Z	S
M	A	T	R	A	T	Z	E
Q	H	P	P	Ü	P	P	Ü
A	L	M	N	U	D	E	L

Seite 20
1. Der Koch rührt im Topf. 2. Die Stühle sind auf den Tisch gestapelt. 3. Das Handtuch ist nicht blau. 4. Zwei Kinder spielen Tischtennis. 5. Der Wolf heult in der Nacht.

Seite 21

		T			T		
P	F	A	N	N	E		
		S			L		
		S		G	L	A	S
		E			E		I
			T	O	R	T	E
							B

Seite 22

S	P	I	N	A	T		
	L	I	N	I	E		
	R	I	C	H	T	I	G
	S	I	E	G	E	R	
S	P	I	N	N	E		
	B	I	E	N	E		

Seite 23
1. Polizist, 2. Igel, 3. lustig, 4. Zwerg
Lösungswort: PILZ

Seite 24
1. Apfelring, 2. Notenständer, 3. Zauberstab, 4. Grünpflanze, 5. Boxhandschuh

Seite 25
Gesucht ist das Wort **Farbpalette**.

1. **der** Autoschlüssel, 2. **die** Sommerferien, 3. **die** Babynahrung, 4. **das** Seerosenblatt

Lösungswort: Spiegelei

Seite 26
UHR
DOSE
VAMPIR

Lösungswort: Urgroßvater

Seite 27
SCHATZ, OHR, FLASCHE, APFEL
Lösungswort: SOFA

Seite 28

W	A	N	H	Z	K	C	P
K	D	G	A	A	I	B	N
Y	Ö	E	R	Z	N	T	T
E	Ü	H	M	E	D	N	K
S	T	Ö	V	L	U	S	N
R	O	R	Ä	T	S	E	L
A	X	Y	M	Ü	F	G	A
D	Z	N	C	A	U	T	O

Seite 29

	K										B
	U						S				I
S	C	H	O	K	O	L	A	D	E		R
	H						L				N
	E					B	A	N	A	N	E
	N	U	S	S			T				

Die Antwort auf Khans Frage lautet: Das o kommt häufiger vor, nämlich zweimal. Das i findest du einmal in den Wörtern.

Seite 30

				Z	O	O		
				B	O	O	T	
	K	A	K	A	O			
				T	O	P	F	
	M	I	K	R	O	F	O	N
S	H	A	M	P	O	O		

Seite 31

D	A	M	P	F	T	Z	U
I	C	V	B	N	M	K	E
A	F	S	T	W	P	A	B
Ü	I	K	L	M	M	P	E
I	S	C	H	O	R	F	R
B	C	P	F	G	R	E	D
P	H	F	F	Y	G	L	E
I	E	Z	I	M	T	Ä	Ä

Seite 32
Hu**t**
Pfer**d**
Mikrosko**p**
Zu**g**
Kühlschran**k**
Lau**b**

Seite 33

							S
							Ä
							G
				L	U	P	E
L	A	M	P	E			
				I			
	K			T			
L	O	C	H	E	R		
	R			R			
	B						

Seite 34
1. BE-SETZT, 2. MUS-KU-LÖS, 3. SCHMUT-ZIG, 4. ER-STAUNT, 5. EI-TEL, 6. HEIM-LICH

Seite 35

M	G	U	M	Z	E	I	T
P	I	Ü	P	D	D	E	R
K	R	A	B	B	E	V	S
F	L	I	O	S	A	H	C
Z	A	M	P	E	L	C	H
L	N	K	N	N	A	Z	U
S	D	W	Ü	S	T	E	L
G	E	H	J	C	C	U	E

Seite 36

S	K	E	L	E	T	T
T		U		S		R
E		R		E		I
M		O		L		K
P						O
E						T
L						

Seite 37

					S	C	H	I	F	F	
					O					L	
	P				N					O	
	A				N					S	
F	L	U	G	Z	E	U	G			S	
	M									E	
	E					B	I	K	I	N	I

Seite 38

Tasse, Igel, fliegen, Zahl, Schnecke, Blitz

Seite 39

Gesucht ist das Wort **Nagel**.

1. Jacke, 2. Katze, 3. Dieb, 4. Fähnchen

Lösungswort: spielen

Seite 40

		S	U	P	P	E
		P	U	P	P	E
			U	H	U	
			U	H	R	
		Z	U	N	G	E
S	C	H	U	H		

Seite 41

A	C	F	R	E	B	N	G
I	O	C	V	Z	E	E	L
S	S	E	G	E	L	P	Ü
C	D	Ü	D	U	A	S	C
B	O	A	U	G	E	H	K
N	R	O	Ä	N	M	M	I
H	F	J	K	I	A	T	U
P	F	L	A	S	T	E	R

Seite 42

1. KA-RA-TE, 2. HOT-DOG,
3. FLE-DER-MAUS, 4. HY-DRANT,
5. REI-FEN, 6. SA-TEL-LIT

Die richtige Worttrennung lautet **Flucht-orte**.

Seite 43

			S				
		S	C	H	N	E	E
			H				
B	A	U	M				
			E				
B	L	A	T	T			
			T				
			E				
			R				
	W	A	L	D			
	I		I				
	N		N				
	D		G				

Seite 45

2	3	1	4
4	1	3	2
1	4	2	3
3	2	4	1

1	3	4	2
4	2	3	1
2	4	1	3
3	1	2	4

Seite 46

-2

6	4
8	6
10	8
12	10

+3

2	5
3	6
4	7
5	8

Seite 47

3	5	2	6	4	1
4	6	1	2	5	3
5	3	6	1	2	4
2	1	4	3	6	5
6	4	3	5	1	2
1	2	5	4	3	6

Seite 48

2	3	6	5	1	4
1	4	2	3	6	5
5	6	1	4	3	2
3	2	4	6	5	1
6	1	5	2	4	3
4	5	3	1	2	6

Seite 49

2	6	3	5	4	1
5	4	1	6	3	2
4	1	2	3	6	5
6	3	5	2	1	4
1	2	6	4	5	3
3	5	4	1	2	6

Die Zahlen ergeben zusammen 21.

Seite 50

Seite 51

Die Zahlen sind so oft im Gitterrätsel versteckt:

5 = 10-Mal,
6 = 6-Mal,
9 = 8-Mal,
12 = 6-Mal

Die Zahlen in der untersten Zeile ergeben zusammen 47.

Seite 52

4	1	5	3	2	6
3	2	1	6	5	4
6	5	2	4	1	3
1	6	4	5	3	2
2	4	3	1	6	5
5	3	6	2	4	1

Seite 53

1	6	2	3	4	5
4	3	5	2	1	6
5	1	6	4	3	2
2	4	3	5	6	1
6	5	4	1	2	3
3	2	1	6	5	4

Seite 54

Seite 55

2 → 3 → 4
11 → 12 → 13
5 → 6 → 7
8 → 9 → 10
14 → 15 → 16

Seite 56

4	7	5	2	6	8	1	3	9
2	1	6	3	4	9	7	5	8
8	9	3	1	5	7	6	2	4
3	4	7	9	2	5	8	1	6
1	5	9	4	8	6	2	7	3
6	8	2	7	3	1	4	9	5
9	3	4	6	7	2	5	8	1
5	2	1	8	9	4	3	6	7
7	6	8	5	1	3	9	4	2

Seite 57

6	4	1	2	9	8	5	3	7
3	5	2	1	7	6	9	8	4
7	9	8	3	4	5	1	6	2
9	2	3	6	1	4	8	7	5
1	8	6	5	3	7	4	2	9
5	7	4	9	8	2	6	1	3
8	3	5	7	6	9	2	4	1
4	1	9	8	2	3	7	5	6
2	6	7	4	5	1	3	9	8

Seite 58

Seite 59

11 + 8 =	12
15 – 11 =	16
18 + 2 =	19
3 + 13 =	20
17 – 5 =	4

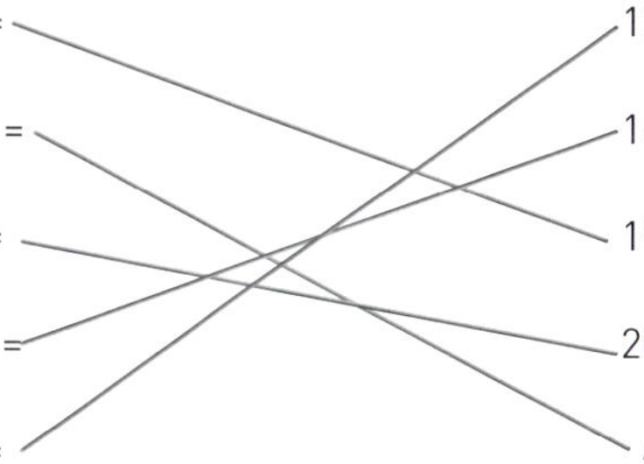

Seite 60

1	3	5	7
4	6	3	10

Im ersten Kästchen in der dritten Zeile steht die Zahl 10.

Seite 61

Die Ketchup-Flasche ist zweimal im Bild zu sehen.
8 Möhren sind in diesem Bild.

Seite 62

12 $\xrightarrow{+2}$ 14 $\xrightarrow{-2}$ 12 $\xrightarrow{+5}$ 17 $\xrightarrow{+1}$ 18

Seite 63

10	13	21	31
4	8	6	2

Seite 64

12 + 12 =	7
23 – 7 =	28
19 – 12 =	25
13 + 12 =	24
15 + 13 =	16

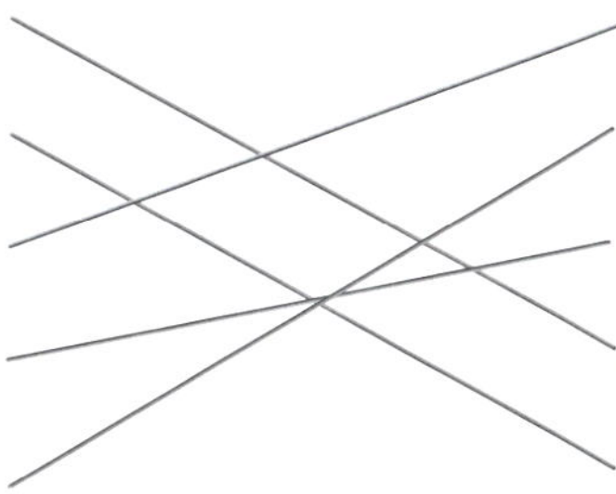

Seite 65

2	1	4	3
3	4	1	2
1	3	2	4
4	2	3	1

1	3	4	2
4	2	3	1
2	4	1	3
3	1	2	4

Seite 66

Das Bild ist dreimal im Bild zu sehen.
5 Gummienten sind in diesem Bild.
Die Frage lautet: Kopf oder Zahl.

Seite 67

11	**16**	**17**	**19**
5	7	3	9

Seite 68

2	3	4	1
4	1	3	2
1	4	2	3
3	2	1	4

3	4	1	2
1	2	3	4
4	3	2	1
2	1	4	3

Seite 69

13 + 25 = 53
20 − 10 = 95
62 − 11 = 10
13 + 40 = 38
18 + 77 = 51

Seite 70

12	**21**	**22**	**28**
6	8	7	10

Das Wort ZAHL hat 4 Buchstaben.

Seite 71

4	1	3	2
2	3	4	1
1	4	2	3
3	2	1	4

2	1	4	3
3	4	1	2
1	3	2	4
4	2	3	1

Seite 72

5	7	8	6
8	6	7	5
6	8	5	7
7	5	6	8

8	7	6	5
5	6	7	8
6	5	8	7
7	8	5	6

Die Zahl 7: SIEBEN. Das sind sechs Buchstaben.

Seite 73

3	4	1	2

2 + 2 = 4, 2 + 1 = 3, 7 − 3 = 4, 3 + 1 = 4

Seite 74

$10 \xrightarrow{+12} 22 \xrightarrow{-13} 9 \xrightarrow{+21} 30 \xrightarrow{+16} 46$

Seite 75

66	**69**	**96**	**99**
5	7	8	3

Seite 76

$25 \xrightarrow{-11} 14 \xrightarrow{+26} 40 \xrightarrow{+12} 52 \xrightarrow{-25} 27$

Seite 77

4	1	2	3
2	3	4	1
1	4	3	2
3	2	1	4

4	3	2	1
1	2	3	4
2	1	4	3
3	4	1	2

Seite 78

5 + 5 = 10

12 – 7 = 5

7 + 3 = 10

5 + 3 = 8

3	5	7	10

Seite 79

4	1	2	3
3	2	4	1
1	4	3	2
2	3	1	4

Seite 80

2	1	4	3
3	4	1	2
1	3	2	4
4	2	3	1

Die 4 ist am häufigsten vorgegeben, nämlich viermal.

Seite 81

Der Papagei ist dreimal im Bild zu sehen.
8 Chamäleons sind in diesem Bild.

Seite 82

$32 \xrightarrow{+9} 41 \xrightarrow{+36} 77 \xrightarrow{-17} 60 \xrightarrow{+19} 79$

Seite 83

1 = one, 2 = two, 3 = three, 4 = four, 5 = five,
6 = six, 7 = seven, 8 = eight, 9 = nine, 10 = ten
Gesucht ist das Zahlwort **twenty**

Seite 84

				H		
C		C	L	O	U	D
O				U		O
A				S		G
T	A	B	L	E		
	R					
	M					

Lösungswort: beach

Seite 85

T	U	E	S	D	A	Y	B	U	X
H	Q	W	E	D	F	G	H	A	M
U	R	I	C	S	C	M	D	Y	O
R	E	F	R	I	D	A	Y	E	N
S	Z	T	K	C	A	V	S	W	D
D	R	A	I	E	O	L	T	R	A
A	X	H	B	S	U	N	D	A	Y
Y	V	B	T	Y	V	N	P	W	M
G	C	N	R	K	D	E	I	Z	P
W	S	A	T	U	R	D	A	Y	S

Der fehlende Tag ist **Wednesday**.

Seite 86

E	L	E	P	H	A	N	T
	G	I	R	A	F	F	E
		C	A	M	E	L	
	M	O	U	S	E		
		C	A	T			
	T	I	G	E	R		
		B	I	R	D		

Seite 87

red, orange, yellow, green, blue, indigo
Die Farbe **purple** fehlt.

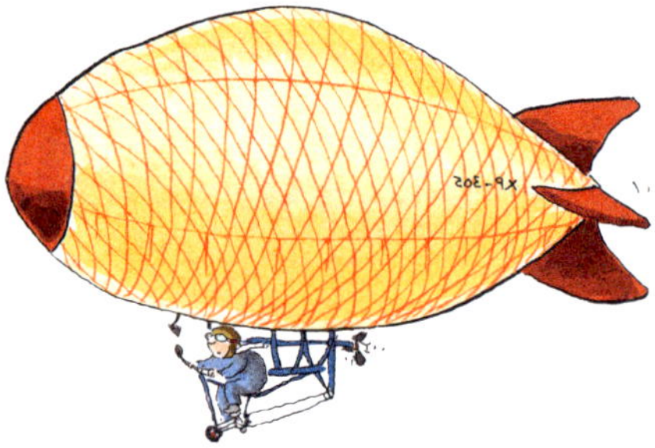

Impressum

Redaktionelle Leitung David Harvie, Ina Koslowski
Konzeption der Rätsel Janine Eck
Illustrationen Kerstin Meyer

Umschlaggestaltung sauerhöfer design, Neustadt
Umschlagillustrationen Kerstin Meyer
Layoutkonzept Magdalene Krumbeck, Wuppertal
Gestaltung/technische Umsetzung Ines Schiffel, Berlin

www.duden.de
www.cornelsen.de

1. Auflage, 1. Druck 2024
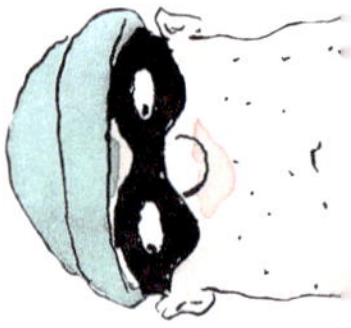

Mecklenburgische Str. 53, 14197 Berlin

Druck: Livonia Print, Riga

ISBN: 978-3-411-72249-5

PEFC/12-31-006

PEFC zertifiziert
Dieses Produkt stammt aus nachhaltig bewirtschafteten Wäldern und kontrollierten Quellen.
www.pefc.de